Kirstin Jansen

Es fliegt was in der Luft

Mobiles – witzig und plastisch

frechverlag

Im frechverlag sind viele weitere Bastelbücher erschienen. Hier eine Auswahl:

TOPP 2000

TOPP 2129

TOPP 2081

TOPP 1662

TOPP 2009

TOPP 1917

Meiner Familie, besonders meinem Vater, und Stephan Beisel möchte ich herzlich danken für die hilfreiche Unterstützung und die wertvollen Ratschläge.

Fotos: frechverlag GmbH + Co. Druck KG, 70499 Stuttgart; Fotostudio Ullrich & Co., Renningen

Auflage: 5. 4. 3. 2. 1. | Letzte Zahlen
Jahr: 2000 1999 98 97 96 | maßgebend

frechverlag GmbH + Co. Druck KG, 70499 Stuttgart

ISBN 3-7724-2167-9 · Best.-Nr. 2167

Druck: frechverlag GmbH + Co. Druck KG, 70499 Stuttgart

Auf die Idee, Mobiles zu basteln, kam ich, als ich auf der Suche nach einem selbstgemachten Geburtstagsgeschenk war. Die Bastelbücher, die ich fand, entsprachen nämlich nicht meinen Vorstellungen, und so beschloß ich, mir selbst Modelle auszudenken.

Im Fachhandel entdeckte ich die günstigen Materialien Styropor und Tonkarton, und schnell entstand mein erstes plastisches Mobile, die Pinguine. Da die Mobiles gut ankamen und einfach zu arbeiten sind, folgten bald weitere Modelle mit anderen Tieren. Die Ergebnisse finden Sie in diesem Buch!

Das Besondere an diesen plastischen Mobiles ist, daß sie von allen Seiten toll aussehen. Sie entfalten ihre Wirkung hängend vor dem Fenster oder im Raum, sei es das Kinderzimmer oder das Wohnzimmer.
Schon ein kleiner Windstoß verändert die lustigen Szenerien, die in jedes Zimmer Farbe und Abwechslung bringen.

Dank der einfachen Grundmaterialien wie Styropor, Tonkarton und Bastel-Lack können Sie leicht eigene Figuren erfinden und in die Luft gehen lassen!

Viel Spaß beim Basteln wünscht Ihnen

Ihre Kirstin Jansen

Material und Werkzeug

- Styroporformen (Kugeln, Zapfen, Eier) in verschiedenen Größen
- Tonkarton in verschiedenen Farben
- Duo-Tonkarton (Hasen)
- Regenbogen-Tonkarton (Igel)
- Bastel-Lack (z. B. Plaka-Lack)
- Chenilledraht in verschiedenen Farben
- Holzstäbe für das Mobilekreuz, im Querschnitt rechteckig, 4 mm x 8 mm, 40 cm lang
- Augen mit beweglicher Pupille in verschiedenen Durchmessern
- Styropor-Platte, DIN A4, 15 mm dick (Pinguine)
- Urselle-Papier in verschiedenen Farben
- Braunes Fell (Löwe)
- Watte (Hasen)
- Alu-Bastelkarton in Gold (Vampire, Frösche)
- Blaue Wasserfarbe (Pinguine)
- Glitzerfarbe, z. B. TULIP Glitter
- Schwarzer wasserfester Filzstift
- Schere
- Nadel
- Pinsel
- Messer oder Skalpell
- Zahnstocher
- Klebstoff
- Bleistift
- Bohrmaschine
- Bohrer, max. 2 mm Ø
- Ringschrauben, ca. 4 mm Ø (etwas größer als der Durchmesser des Bohrers)
- Nylonfaden
- Silberner Blumendraht (max. 1 mm Ø)

Mobilekreuze

Die Holzstäbe, an denen die Figuren aufgehängt werden, werden genau in der Mitte durchbohrt und je zwei Stäbe durch eine Ringschraube miteinander verbunden, so daß ein Kreuz entsteht. Bohren Sie die anderen Löcher an den Stellen, die in der jeweiligen Anleitung genannt werden. Danach wird das Kreuz mit dem Bastel-Lack bemalt, der in der Anleitung angegeben wird. An die Ringschraube wird dann die Nylonschnur gebunden, um das Mobile aufzuhängen.

Bemalen der Styroporkörper

Das Bemalen der Körper geht am besten, wenn Sie das Styroporteil auf einen Zahnstocher stecken: So kann jede Stelle ohne Probleme bemalt werden.
Achten Sie darauf, daß Sie das Loch, das der Zahnstocher im Styropor hinterlassen hat, z. B. für die Nase, den Schwanz usw. wiederbenutzen können. Zum Trocknen wird der Zahnstocher mit dem Körper auf eine Styroporplatte gesteckt.
Müssen später zwei Körper aufeinandergeklebt werden, so ist es am einfachsten, wenn ein Zahnstocher mit Klebstoff bestrichen und dann in den anderen Körper gesteckt wird.

Herstellen der Figuren

Es gibt zwei Möglichkeiten, die Vorlagen auf das benötigte Papier zu bringen:
1. Zuerst wird die Vorlage auf den Tonkarton gelegt. Anschließend werden mit einem sehr spitzen Bleistift die Konturen nachgefahren. Die Linien drücken sich auf den Tonkarton durch, und die Formen können dann ausgeschnitten werden.
2. Als erstes wird Transparent- oder Butterbrotpapier auf die Vorlage gelegt, und die Teile werden abgepaust. Anschließend klebt man das Pauspapier auf einen dünnen Karton und schneidet die Teile aus. Somit erhält man Schablonen, die öfters benutzt werden können.
Die Papierteile und der Chenilledraht werden immer ohne Vorbohren und ohne Klebstoff in das Styropor gesteckt!

Aufhängen der Styroporkörper

Um die Styroporkörper aufzuhängen, wird in der entsprechenden Farbe ein Aufhänger aus Tonkarton geschnitten (siehe Vorlagenbogen, Vorderseite Mitte) und die Nylonschnur an die gekennzeichnete Stelle geknotet (siehe Vorlagenbogen).
Ritzen Sie mit einem Messer oder Skalpell einen Schlitz in das Styropor (ca. 1,5 cm lang). Wie auch alle anderen Teile aus Tonkarton werden die Aufhänger nur in die Ritzen gesteckt und nicht geklebt!
Gegenstände, die in der Mitte des Mobiles hängen sollen, werden nicht an einem Loch im Kreuz, sondern an der Ringschraube, die das Kreuz zusammenhält, befestigt.

Ausbalancieren

Grundsätzlich wird immer zuerst die mittlere Figur an der Ringschraube befestigt. Erst dann werden je die gegenüberliegenden Seiten behängt. Die inneren Figuren sollten zuletzt angebracht werden. Der Ausgleich am Mobilekreuz entsteht durch die unterschiedliche Länge der Schnüre.

Tips und Tricks

Natürlich können Sie auch Moosgummi anstatt Tonkarton verwenden. Beachten Sie dann aber, daß sich Moosgummi schlecht auf Styropor kleben läßt. Moosgummi sollte also vorwiegend bei Mobiles benutzt werden, bei denen viel gesteckt wird.

Die Länge der Nylonfäden bleibt Ihnen überlassen. Ich empfehle Ihnen, sie nicht zu kurz zu schneiden, da sich sonst die Mobiles nicht so gut bewegen.

Fleissige Bienen

Material:

- *8 Styropor-Eier, 8 cm*
- *Tonkarton in Weiß, Gelb, Grün und Braun*
- *Bastel-Lack in Gelb und Braun*
- *16 Augen mit beweglicher Pupille, Ø 12 mm*
- *Chenilledraht in Schwarz*
- *Schwarzer wasserfester Filzstift*
- *Lineal*

Bohren Sie in beide Holzstäbe 0,5 cm und 10 cm von beiden Enden entfernt und in der Mitte der Stäbe insgesamt zehn Löcher. Bemalen Sie anschließend beide Stäbe mit gelbem Bastel-Lack, und schrauben Sie sie mit der Ringschraube zusammen. Die acht Styropor-Eier werden mit gelbem Bastel-Lack bemalt.

Schneiden Sie nun 16mal die Flügel der Bienen aus weißem Tonkarton und achtmal den Bienenstachel aus braunem Tonkarton aus.

Wenn der Lack auf den Bienenkörpern trocken ist, können Sie mit braunem Bastel-Lack das Streifenmuster auftragen.

Schneiden Sie den Korb einmal aus gelbem Tonkarton aus. Zeichnen Sie auf beiden Seiten des Korbes mit einem dünnen schwarzen Filzstift und dem Lineal Striche von einem Einschnitt zum gegenüberliegenden ein.

Schneiden Sie zweimal die drei Teile der Blume aus, und kleben Sie diese auf beide Seiten des Korbes. Durchbohren Sie den markierten Punkt auf dem Bienenkorb mit einer Nadel.

Mit dem Messer werden nun die Bienenkörper zweimal eingeritzt und die Flügel eingesteckt. Schneiden Sie achtmal 3 cm lange Stücke von dem schwarzen Chenilledraht ab, und befestigen Sie diese als Nase.

Schneiden Sie nun 16mal 6 cm lange Stücke von dem schwarzen Chenilledraht ab. Formen Sie diese zu Fühlern, und stecken Sie sie ins Styropor. Jetzt müssen nur noch die Augen aufgeklebt werden, und die Bienen sind fertig!

Schneiden Sie acht Aufhänger aus gelbem Tonkarton aus, durchstechen Sie sie, und stecken Sie sie in die Bienenkörper.

Der Bienenkorb wird in die Mitte des Mobilekreuzes gehängt, die Bienen werden um ihn herumgruppiert. Und schon können die fleißigen Bienen den süßen Honig sammeln!

Katz' und Maus

Material:

- *4 Styropor-Kugeln, Ø 7 cm*
- *4 Styropor-Kugeln, Ø 4 cm*
- *Styropor-Ei, 6 cm*
- *Tonkarton in Grau, Braun, Schwarz, Rosa und Weiß*
- *Bastel-Lack in Schwarz, Grau und Braun*
- *8 Augen mit beweglicher Pupille, Ø 12 mm*
- *2 Augen mit beweglicher Pupille, Ø 10 mm*
- *Chenilledraht in Schwarz und Rosa*
- *Silberner Blumendraht, 120 cm lang (max. 1 mm Ø)*

Bohren Sie in die Holzstäbe die Löcher je 1 cm von beiden Enden entfernt und je in der Mitte, und schrauben Sie sie zusammen. Die Stäbe werden mit schwarzem Bastel-Lack bemalt.

Bemalen Sie das Styropor-Ei mit grauem Bastel-Lack, setzen Sie die zusammengeklebten Ohren aus Tonkarton ein, und kleben Sie die Augen (Ø 10 mm) auf. Für den Schwanz wird schwarzer Chenilledraht in 8 cm Länge benötigt, der in den Körper gesteckt und leicht gebogen wird. Auch die Nase, die aus 3 cm langem Chenilledraht in Schwarz besteht, wird einfach in den Körper gesteckt. Den Blumendraht sechsmal in 4 cm lange Stücke schneiden und als Barthaare in das Styropor stecken.

Schneiden Sie das Mauseloch einmal aus weißem und viermal die Leisten aus braunem Tonkarton aus. Kleben Sie die Leisten beidseitig unten auf das Mauseloch, und befestigen Sie die Maus mit Aufhänger und Nylonfaden an dem dafür vorgesehenen Loch.

Bemalen Sie die Katzenkörper und -köpfe verschiedenfarbig nach Lust und Laune.

Schneiden Sie je nach Farbe der Katzen achtmal die Katzenohren aus, schlitzen Sie mit einem Messer jeweils zwei Ritzen in den Kopf für die Ohren, und stecken Sie diese fest in die Ritzen.

Schneiden Sie viermal rosafarbenen Chenilledraht mit je 3 cm Länge zurecht, und stecken Sie diesen als Nase in das Styropor. Kleben Sie nun die Augen auf, und fixieren Sie die Kopfkugel mit Klebstoff auf der Körperkugel.

Schneiden Sie viermal schwarzen Chenilledraht in 10 cm Länge zurecht, und stecken Sie diesen als Schwanz in das Styropor. Der Schwanz wird bei jeder Katze noch leicht gebogen.

Vom Blumendraht schneiden Sie 24mal 4 cm lange Stücke als Barthaare ab. Jede Katze erhält sechs Haare, die ins Styropor gesteckt werden. Schneiden Sie aus Tonkarton in den entsprechenden Farben vier Aufhänger aus, und bringen Sie diese an den Figuren an.

Die Katzen müssen nur noch an den Seiten, das Mauseloch muß in der Mitte des Mobilekreuzes aufgehängt werden ... und schon kann die wilde Mäusejagd beginnen!

Fliegende Glückskäfer

Material:

- *8 Styropor-Eier, 6 cm*
- *Tonkarton in Hellgrün und Schwarz*
- *Urselle-Papier in Rot, Weiß, Gelb und Schwarz*
- *Bastel-Lack in Schwarz*
- *16 Augen mit beweglicher Pupille, Ø 10 mm*
- *Chenilledraht in Schwarz*

In die beiden Holzstäbe werden Löcher gebohrt, die 0,5 cm und 10 cm von beiden Enden entfernt sind. Auch in die Mitte kommt je ein Loch für die Ringschraube, die die beiden Stäbe zusammenhält. Anschließend bemalen Sie das Mobilekreuz mit schwarzem Bastel-Lack. Auch die acht Eier werden schwarz lackiert.

Schneiden Sie die Flügel achtmal aus rotem, die Blume zweimal aus weißem und das Blumenkörbchen zweimal aus gelbem Urselle-Papier aus.

Der Blumenstengel wird aus hellgrünem Tonkarton einmal ausgeschnitten.

Kleben Sie nun die beiden Blumenteile aufeinander, wobei der Stengel zwischen das Urselle-Papier gelegt wird. Jetzt muß nur noch das Blütenkörbchen beidseitig aufgeklebt und der markierte Punkt mit einer Nadel durchstochen werden.

Die 48 schwarzen Marienkäferpunkte aus Urselle-Papier erhalten Sie mit Hilfe eines Lochers.

Kleben Sie dann die Flügel und die Augen auf die Käferkörper. Auch die schwarzen Punkte müssen mit Klebstoff auf den Flügeln fixiert werden.

Schneiden Sie 32mal Chenilledraht in 3 cm langen Stücken ab, und stecken Sie diese als Beine in das Styropor. Genauso werden die 16 Stücke aus Chenilledraht mit je 5 cm Länge als Fühler in die Käferkörper gesteckt. Schneiden Sie aus schwarzem Tonkarton acht Aufhänger aus, und stecken Sie sie in die Käfer.

Zum Schluß müssen nur noch die Blume in die Mitte und die Käfer an die Seiten des Mobilekreuzes gehängt werden, damit die lustigen Glücksbringer die Blume umschwirren können!

Frohe Ostern!

Material:

- *4 Styropor-Kugeln, Ø 5 cm*
- *4 Styropor-Eier, 8 cm*
- *Tonkarton in Braun*
- *Duo-Tonkarton in beliebigen Farben*
- *Bastel-Lack in Braun*
- *8 Augen mit beweglicher Pupille, Ø 15 mm*
- *Chenilledraht in Schwarz*
- *Silberner Blumendraht (max. 1 mm Ø)*
- *Wattebällchen*

In die beiden Holzstäbe werden 1 cm von jedem Ende entfernt vier Löcher gebohrt. Bohren Sie auch in die Mitte der Stäbe je ein Loch, durch das die Ringschraube gedreht wird. Das Holzkreuz bemalen Sie anschließend mit braunem Bastel-Lack.

Die Styropor-Eier und -Kugeln werden ebenfalls mit braunem Bastel-Lack bestrichen, wobei bei den Eiern ein weißes Oval für den Hasenbauch frei bleibt.

Schneiden Sie die Ohren, die Arme und die Füße der Hasen jeweils achtmal aus braunem Tonkarton aus. Das große Ei wird einmal und das kleine Ei achtmal aus Duo-Tonkarton ausgeschnitten.

Durchstechen Sie vier der kleinen Eier mit einer Nadel am oberen Punkt und die anderen vier an beiden Punkten. Ebenso wird das große Ei am markierten Punkt durchstochen.

Kleben Sie auf die Hasenkörper je zwei Arme und zwei Füße. Schlitzen Sie dann mit einem Messer in den Kopf zwei Ritzen für die Ohren, und stecken Sie diese fest hinein.

Bekleben Sie die Hasenköpfe mit den Augen, und befestigen Sie die Köpfe an den eiförmigen Körpern.

Schneiden Sie viermal schwarzen Chenilledraht in 2 cm Länge zurecht, und stecken Sie diesen als Nase in das Styropor. Der Blumendraht wird 24mal in 3 cm lange Stücke geschnitten. Stecken Sie diese als Barthaare in den Hasenkopf (jeder Hase erhält sechs Stück).

An jedem Hasen wird mit Hilfe eines Aufhängers ein Ei oberhalb und eines unterhalb der Figur befestigt. Zum Schluß das große Ei in die Mitte und die vier Hasen an die Enden des Holzkreuzes hängen. Wer findet die meisten Ostereier?

So eine Schweinerei!

Material:

- *5 Styropor-Kugeln, Ø 5 cm*
- *Tonkarton in Braun und Rosa*
- *Bastel-Lack in Braun und Rosa*
- *10 Augen mit beweglicher Pupille, Ø 10 mm*
- *Chenilledraht in Rosa*
- *Schwarzer wasserfester Filzstift*

Bohren Sie die Löcher für die Anbringung der Schweine und des Zaunes in beide Holzstäbe, je 0,5 cm und 8 cm von beiden Enden entfernt, und schrauben Sie die Stäbe mit der Ringschraube zusammen. Das fertige Mobilekreuz wird mit braunem Bastel-Lack bemalt. Bestreichen Sie dann die fünf Kugeln mit rosafarbenem Bastel-Lack.

Schneiden Sie die Füße 20mal, die Ohren zehnmal und die Nasen fünfmal aus Tonkarton in Rosa aus.

Schlitzen Sie für die Füße vier Ritzen quer in die Kugeln (siehe Foto rechts), und stecken Sie die Schweinefüße hinein. Schneiden Sie dann oben zwei Ritzen ein, und befestigen Sie die Ohren. Kleben Sie die Nasen aus rosafarbenen Tonkarton an, und malen Sie mit einem schwarzen Stift zwei Nasenlöcher auf.

Für die Ringelschwänze schneiden Sie fünfmal Chenilledraht in 10 cm lange Stücke, die Sie dann einfach in das Styropor stecken und korkenzieherartig eindrehen.

Die Pfosten und die Eckpfosten werden je viermal, die Querlatten insgesamt achtmal aus braunem Tonkarton ausgeschnitten.

Ritzen Sie mit einem Messer die gestrichelten Linien der Eckpfosten leicht an, damit sie sich besser knicken lassen.

Kleben Sie die Eckpfosten, die mittleren Pfosten und die Querlatten wie auf dem Foto zu dem Zaun zusammen. Durchstechen Sie mit einer Nadel die gekennzeichneten Stellen der Pfosten.

Hängen Sie nun noch die Schweine mit Hilfe von fünf rosafarbenen Aufhängern an den vier inneren Löchern und der Mitte, den Zaun an den vier äußeren Löchern auf.

Tip: Das Mobile wirkt noch räumlicher, wenn der Zaun etwas schräg aufgehängt wird.

Löwensafari

Material:
- *4 Styropor-Kugeln, Ø 5 cm*
- *4 Styropor-Kugeln, Ø 7 cm*
- *Tonkarton in Gelb, Braun, Grau und Grün*
- *Urselle-Papier in Grün*
- *Braunes Fell*
- *Bastel-Lack in Ocker*
- *8 Augen mit beweglicher Pupille, Ø 12 cm*
- *Chenilledraht in Braun*

In die Holzstäbe werden vier Löcher, 0,5 cm von außen, sowie in der Mitte gebohrt. Schrauben Sie dann die beiden Stäbe mit der Ringschraube zu einem Kreuz zusammen. Dieses wird mit ockerfarbenem Bastel-Lack bemalt.

Mit derselben Farbe lackieren Sie nun alle acht Styropor-Kugeln. Schneiden Sie das Blätterdach zweimal aus grünem Urselle-Papier, den Baumstamm einmal aus braunem Tonkarton, den Busch einmal aus grünem Tonkarton, den Felsen zweimal aus grauem Tonkarton und die Ohren achtmal aus gelbem Tonkarton aus.

Jetzt werden die beiden Blätterdächer aufeinander geklebt, wobei der Baumstamm vor dem Zusammenkleben dazwischengelegt wird. Der Baumstamm und der Busch werden dann zwischen den beiden Teilen des Felsens fixiert. Nun muß nur noch der im Blätterdach markierte Punkt durchstochen werden.

Schneiden Sie viermal den Haarschopf aus dem braunen Fell aus, und kleben Sie diesen mit der Breitseite nach vorne auf die kleineren Kugeln.

Je eine kleine Kugel wird auf einer großen Kugel befestigt, nachdem die Augen angebracht wurden.

Schlitzen Sie mit einem Messer je zwei Ritzen für die Ohren in die kleineren Kugeln ein, und stecken Sie diese fest hinein.

Schneiden Sie viermal 3 cm lange Stücke von dem Chenilledraht ab, und stecken Sie diesen als Löwennase in das Styropor. Für den Schwanz werden vier Stücke Chenilledraht benötigt. Kleben Sie etwas Fellrest an das Ende, und stecken Sie den Draht in das Styropor. Zum Anbringen der Nylonfäden erhält jeder Löwe einen Aufhänger aus braunem Tonkarton.

Jetzt müssen nur noch der Baum mit Felsen und Busch in die Mitte, die Löwen an die Seiten des Mobilekreuzes gehängt werden, und die Raubtiere können die Jagd beginnen!

Nächtliches Geflatter

Material:

- *4 Styropor-Eier, 8 cm*
- *Tonkarton in Dunkelgrau, Rosa und Weiß*
- *Alu-Bastelkarton in Gold*
- *Bastel-Lack in Grau*
- *8 Augen mit beweglicher Pupille, Ø 15 mm*
- *Chenilledraht in Rosa*

In die Holzstäbe werden vier Löcher 0,5 cm von den Stabenden entfernt gebohrt und mit grauem Bastel-Lack bemalt. Schrauben Sie die beiden Stäbe mit der Ringschraube zusammen. Bemalen Sie dann die Eier mit grauem Bastel-Lack. Schneiden Sie die Flügel und die Ohren aus grauem Tonkarton sowie die Innenohren aus rosa Tonkarton und die Zähne aus weißem Tonkarton jeweils achtmal aus. Kleben Sie anschließend die Innenohren auf die Ohren.

Den Mond einmal und die Sterne achtmal aus goldenem Alu-Bastelkarton ausschneiden. Durchstechen Sie mit einer Nadel den Mond und vier der Sterne nur an einem Punkt, die anderen Sterne an beiden Punkten.

Mit einem Messer nun in die Seiten der Fledermauskörper jeweils eine Ritze schlitzen und die Flügel hineinstecken. Genauso werden die Ohren und die Zähne am Körper festgemacht.

Kleben Sie nun die Augen auf. Mit Hilfe von acht Aufhängern aus dunkelgrauem Tonkarton werden die Sterne über und unter den Fledermäusen festgemacht.

Jetzt muß nur noch der Mond in die Mitte und die Fledermäuse müssen außen an das Holzkreuz gehängt werden, und der nächtliche Grusel beginnt!

Fröhliche Eiszeit!

Material:
- *6 Styropor-Kugeln, Ø 5 cm*
- *6 Styropor-Eier, 10 cm*
- *Styropor-Platte, DIN A4, 15 mm dick*
- *Tonkarton in Orange und Schwarz*
- *Bastel-Lack in Schwarz*
- *Blaue Wasserfarbe*
- *12 Augen mit beweglicher Pupille, Ø 12 mm*

Bohren Sie die Löcher zum Aufhängen der Figuren in beide Holzstäbe je 1 cm von beiden Enden entfernt. Für die Ringschraube, die beide Stäbe zusammenhält, wird je ein Loch in der Mitte gebohrt. Bemalen Sie die Stäbe mit Bastel-Lack, und schrauben Sie das Holzkreuz zusammen.

Die Kugeln und Eier werden mit schwarzem Bastel-Lack bemalt, wobei bei den Eiern ein weißes Oval für den Pinguinbauch übrigbleibt. Schneiden Sie die Flügel zwölfmal aus schwarzen Tonkarton, die Füße und die Schnäbel je sechsmal aus orangefarbenem Tonkarton aus. Nun werden die Schnäbel zu einer Tüte zusammengerollt (am besten mit Hilfe eines Stiftes) und mit Klebstoff fixiert.

Schneiden Sie mit einem Messer die Eisscholle aus einer Styropor-Platte aus, und bemalen Sie die Ränder dünn mit blauer Wasserfarbe. Nun werden die Styropor-Kugeln auf die Eier geklebt.

Die Flügel werden an der Seite, die Füße an der Unterseite und der Schnabel sowie die Augen am Kopf der Figuren mit Klebstoff angebracht. Zwei der Pinguine werden mit Zahnstochern auf der Eisscholle befestigt und mit ein wenig Klebstoff fixiert.

Zum Schluß müssen nur noch vier der Pinguine mit dem Nylonfaden an die äußeren Löcher des Mobilekreuzes gehängt werden. Dazu werden vier Aufhänger aus schwarzem Tonkarton benötigt. Die beiden Pinguine auf der Eisscholle werden mit zwei Aufhängern und Faden an der Schraube in der Mitte befestigt. Und nun hinein ins Eisvergnügen!

Tip: Sie können Ihre Pinguine beliebig ausstatten, z. B. mit verschiedenen Schals aus Stoffresten – oder wie im Bild zu sehen – mit selbstmodellierten Figuren, z. B. aus lufttrocknender oder im Backofen härtender Modelliermasse. Dabei sollten Sie jedoch beachten, daß die einander gegenüberhängenden Pinguine gleich schwer sein sollten.

Stacheliger Apfeldieb

Material:

- *4 Styropor-Kugeln, Ø 6 cm*
- *Tonkarton in Grün, Hellbraun, Braun und Schwarz*
- *Regenbogen-Tonkarton*
- *Urselle-Papier in Braun*
- *Bastel-Lack in Gelb und Rot*
- *2 Augen mit beweglicher Pupille, Ø 15 cm*

In die beiden Holzstäbe werden zum Aufhängen der Figuren vier Löcher je 0,5 cm von beiden Enden entfernt und in der Mitte gebohrt. Schrauben Sie die Stäbe mit der Ringschraube zusammen, und bemalen Sie sie mit gelbem Bastel-Lack.

Die vier Styropor-Kugeln werden mit gelbem und rotem Bastel-Lack wie ein Apfel gestaltet.

Schneiden Sie nun die Apfelblätter viermal aus grünem Tonkarton, die Stengel viermal aus braunem Tonkarton und die Blätter fünfmal aus Regenbogen-Tonkarton aus.

Der Igelkörper besteht aus hellbraunem Tonkarton, die Stacheln sind aus braunem Urselle-Papier (zweimal ausschneiden) und die Nase ist aus schwarzem Tonkarton (zweimal ausschneiden).

Kleben Sie die Stacheln und die Nase von beiden Seiten auf den Igelkörper. Auch die Augen werden mit Klebstoff angebracht. Nun muß nur noch der markierte Punkt mit einer Nadel durchstochen werden.

Schlitzen Sie mit einem Messer in jede Kugel eine Ritze für den Stengel und eine für das Apfelblatt, und stecken Sie die Stengel und die Apfelblätter in das Styropor.

Der markierte Punkt des Stengels wird anschließend mit einer Nadel durchstochen. Bei den Äpfeln fungieren also die Stengel als Aufhänger.

Die Blätter werden an beiden Punkten durchstochen und über den Äpfeln befestigt. Ein Blatt wird über den Igel gehängt. Anschließend befestigen Sie den Igel in der Mitte des Kreuzes. Die Äpfel werden an die Enden des Mobiles gehängt.

Nun kann sich der Igel seinen Winterspeck anfressen!

Tip:

Sie können auch noch unter die Äpfel weitere Blätter aus Regenbogen-Tonkarton hängen, wenn Sie das Mobile vergrößern wollen.

Bunte Unterwasserwelt

Material:
- *3 Styropor-Eier, 8 cm*
- *2 Styropor-Eier, 6 cm*
- *Tonkarton in Rot, Gelb, Blau, Grün und Violett*
- *Alu-Bastelkarton in Grün*
- *Bastel-Lack in Rot, Gelb, Blau, Grün und Violett*
- *Glitzerfarbe in Rot, Gold, Blau, Grün und Regenbogen, z. B. TULIP Glitter*
- *6 Augen mit beweglicher Pupille, Ø 15 mm*
- *4 Augen mit beweglicher Pupille, Ø 12 mm*
- *5 Schmucksteine*

Die Löcher für die Aufhängung der Figuren werden in beide Holzstäbe je mit 1 cm und 12 cm Abstand von beiden Enden gebohrt. Bohren Sie die Löcher in der Mitte, bemalen Sie die Holzstäbe mit blauem Bastel-Lack, und schrauben Sie die Stäbe mit der Ringschraube zum Mobilekreuz zusammen. Die drei großen Eier werden rot, blau und violett, die beiden kleinen gelb und grün bemalt.
Schneiden Sie nun die Schwanzflossen, Rückenflossen und Seitenflossen entsprechend der Farben und der Größe der Fische aus Tonkarton aus. Beachten Sie, daß jeder Fisch zwei Seitenflossen benötigt. Nun werden die Schuppen mit Glitzerfarbe in den entsprechenden Farben aufgemalt.
Schlitzen Sie mit einem Messer Ritzen in die Stellen der Eier, wo die Flossen angebracht werden sollen.
Die Flossen werden fest in diese Ritzen gesteckt, wobei die Seitenflossen ein wenig nach unten gebogen werden können.
Kleben Sie nun die großen Augen auf die großen und die kleinen Augen auf die kleinen Fische. Ebenso werden die Schmucksteine als Nase aufgeklebt.
Schneiden Sie die Alge zweimal aus grünem Alu-Bastelkarton aus. Die gestrichelte Linie wird bei einer Alge von oben und bei der anderen Alge von unten jeweils bis zur Mitte eingeschnitten, und die beiden Teile werden über Kreuz ineinandergesteckt. Durchstechen Sie anschließend die markierten Punkte mit einer Nadel.
Bei diesem Mobile werden keine Aufhänger benötigt, da die Rückenflossen an den markierten Stellen durchstochen werden. An diesem Loch befestigen Sie dann den Nylonfaden.
Die Alge an die vier inneren Löcher des Mobilekreuzes, zwei große Fische an die gegenüberliegenden äußeren Löcher, zwei kleine Fische an die beiden anderen äußeren Löcher und einen großen Fisch in die Mitte des Kreuzes hängen.
Wer kann am tiefsten tauchen?

Mäusemahlzeit

Material:

- *4 Styropor-Eier, 10 cm*
- *Styropor-Ei, 6 cm*
- *Tonkarton in Grau, Gelb und Rosa*
- *Bastel-Lack in Grau*
- *8 Augen mit beweglicher Pupille, Ø 15 mm*
- *2 Augen mit beweglicher Pupille, Ø 10 mm*
- *Chenilledraht in Schwarz*
- *Silberner Blumendraht, 144 cm lang (max. 1 mm Ø)*
- *Schwarzer wasserfester Filzstift*

Bohren Sie in die beiden Holzstäbe 1 cm von beiden Enden entfernt und in die Mitte Löcher, und bemalen Sie die Stäbe mit grauem Bastel-Lack. Mit Hilfe der Ringschraube werden die Stäbe zu einem Mobilekreuz zusammengeschraubt. Alle fünf Styropor-Eier werden mit grauem Bastel-Lack angemalt.

Schneiden Sie nun die großen Mausohren achtmal und die kleinen Mausohren zweimal aus grauem Tonkarton aus. Aus rosa Tonkarton werden die großen Innenohren achtmal und die kleinen zweimal ausgeschnitten. Kleben Sie die Innenohren auf die Mausohren.

Auf den großen Mäusen werden je zwei große Augen und auf der kleinen Maus die kleinen Augen mit Klebstoff befestigt. Für die Ohren ritzen Sie auf der Oberseite der Körper je zwei Schlitze ein und stecken sie fest hinein.

Die großen Mäuse benötigen für die Schwänze Chenilledraht von je 5 cm Länge und die kleine Maus von 3 cm Länge.

Der Draht wird als Nase einfach in das Styropor gesteckt.

Ebenso wird der Schwanz (große Mäuse je 15 cm, kleine Maus 8 cm) in das Styropor gesteckt und leicht gekringelt.

Schneiden Sie für die kleine Maus sechsmal 4 cm lange Stücke und für die großen Mäuse insgesamt 24mal 5 cm lange Stücke vom Blumendraht ab, und stecken Sie sie als Barthaare in das Styropor

Schneiden Sie nun den Käse aus gelbem Tonkarton aus. Ritzen Sie die gestrichelten Linien mit einem Messer leicht ein. Die Löcher im Käse werden mit einem schwarzem Filzstift und verschiedenen Geldmünzen als Schablone aufgemalt.

Durchstechen Sie den markierten Punkt mit einer Nadel, und befestigen Sie einen Nylonfaden daran. Kleben Sie anschließend das Käsestück mit Hilfe der Klebelaschen zusammen. Die kleine Maus wird oben auf der vorderen Hälfte des Käsestücks mit Klebstoff befestigt. Jede große Maus erhält einen Aufhänger aus grauem Tonkarton.

Jetzt werden der Käse in der Mitte, die Mäuse an den Außenseiten des Mobilekreuzes mit den Nylonfäden aufgehängt.

Die kleinen Nager können nun ihre Käsemahlzeit genießen!

Vier Männer im Schnee

Material:

- *4 Styropor-Kugeln, Ø 7 cm*
- *4 Styropor-Kugeln, Ø 5 cm*
- *Tonkarton in Weiß, Schwarz, Braun, Grün und Orange*
- *Bastel-Lack in Weiß*
- *Weißer Pluster-Pen*
- *Glitzerfarbe in Silber, z. B. TULIP Glitter*
- *8 Augen mit beweglicher Pupille, Ø 12 mm*

In die beiden Holzstäbe werden Löcher in der Mitte und je 1 cm von beiden Enden entfernt gebohrt. Bemalen Sie die Stäbe anschließend mit weißem Bastel-Lack, und schrauben Sie sie mit der Ringschraube zu einem Kreuz zusammen. Die acht Styropor-Kugeln werden mit weißem Bastel-Lack bemalt, damit sie mehr glänzen.

Schneiden Sie für die Schneemänner die Knöpfe zwölfmal aus schwarzem Tonkarton, die Arme achtmal aus weißem Tonkarton, die Nasen viermal aus orangefarbenem Tonkarton und den Besen zweimal aus braunem Tonkarton aus. Der Besen wird an dem oberen Ende ganz dünn eingeschnitten, so daß die Borsten entstehen. Schneiden Sie das Besenband viermal aus Tonkarton in Orange aus, und kleben Sie es auf beide Seiten der Besen.

Je eine große und eine kleine Styroporkugel werden mit Zahnstochern zusammengefügt und mit je drei Knöpfen beklebt. Schlitzen Sie an jeder Seite eine Ritze für die Arme ein, und stecken Sie diese fest hinein. Kleben Sie nun je zwei Augen auf. Rollen Sie die Nase über einen Stift zu einer Tüte zusammen, und fixieren Sie sie mit Klebstoff.

Zwei Schneemännern wird der Besen an einem Arm festgeklebt. Schneiden Sie die drei Teile des Hutes viermal aus schwarzem Tonkarton aus. Der Hutmantel wird an den Längsseiten in maximal 0,5 cm Abständen bis zur gestrichelten Linie eingeschnitten, die Einschnitte werden einheitlich im rechten Winkel geknickt. Kleben Sie nun den Hutmantel an der Klebelasche zusammen. Jetzt müssen nur noch der Hutdeckel und die Hutkrempe auf den Hutmantel an den Einschnitten geklebt werden.

Durchstechen Sie die Hüte oben mit einer Nadel, und fädeln Sie den Nylonfaden durch dieses Loch. Nachdem die vier Aufhänger aus weißem Tonkarton angebracht und am Nylonfaden befestigt worden sind, kann der Hut am Kopf festgeklebt werden.

Schneiden Sie den Tannenbaum zweimal aus grünem und den Baumstamm viermal aus braunem Tonkarton aus. Den einen Baum schneiden Sie an der gestrichelten Linie bis zum schwarz markierten Mittelpunkt von oben und den anderen Baum von unten ein. Durchstechen Sie den Baum, der von unten angeschnitten wurde, an dem markierten Punkt mit einer Nadel.

Den Baustamm ritzen Sie an der gestrichelten Linie mit einem Messer nur leicht an, so daß das Knicken erleichert wird.

Bemalen Sie den Tannenbaum von beiden Seiten mit Pluster-Pen, und bringen Sie nach dem Aufplustern silberne Glitzerfarbe auf. Stecken Sie den Tannenbaum nun über Kreuz ineinander. Der Baum wird fixiert, indem die Baumstämme geknickt aufgeklebt werden.

Zuletzt werden nur noch die Schneemänner an die äußeren Enden und der Tannenbaum in der Mitte des Mobilekreuzes gehängt. Nun kann der Winter ruhig kommen!

Tip: Aus zwei Stoffresten (je 1,5 cm x 25 cm) können Sie Schals für die Schneemänner ausschneiden. Die Hüte der Schneemänner können Sie auch fertig im Fachhandel erstehen.

Schmetterlingstanz

Material:

- *5 Styropor-Zapfen, 9 cm*
- *Tonkarton in Weiß, Gelb, Rot, Grün, Blau, Violett und Schwarz*
- *Bastel-Lack in Schwarz*
- *Glitzerfarbe in Regenbogen, z. B. TULIP Glitter*
- *10 Augen mit beweglicher Pupille, Ø 15 mm*
- *Chenilledraht in Schwarz*

Bohren Sie in die Holzstäbe 1 cm von den Enden entfernt und in der Mitte insgesamt sechs Löcher. Die Stäbe werden mit Hilfe der Ringschraube zusammengeschraubt, nachdem sie mit schwarzem Bastel-Lack bemalt wurden. Sie können das Holzkreuz anschließend auch mit Glitzerfarbe bestreichen. Bemalen Sie auch die Styropor-Zapfen mit schwarzem Bastel-Lack und danach mit Glitzerfarbe.

Die fünf Flügel werden aus gelbem, rotem, blauem, grünem und violettem Tonkarton ausgeschnitten. Die großen und die kleinen Flügelaugen bestehen aus denselben Farben, die Sie beim Aufkleben beliebig kombinieren können. Anschließend wird auf die Flügelaugen jeweils ein Punkt mit Glitzerfarbe gemalt.

Schlitzen Sie in die Seiten der Schmetterlingskörper je zwei Ritzen, und stecken Sie die Flügel fest hinein.

Kleben Sie die Augen auf. Jetzt müssen nur noch die zehn Fühler, die aus 7 cm langem Chenilledraht hergestellt sind, in das Styropor gesteckt werden. Drehen Sie die Fühler an den Enden ein.

Schneiden Sie die fünf Blüten aus weißem und die zehn Blütenkörbchen aus gelbem Tonkarton aus. Kleben Sie jeweils auf eine Seite der Blüten einen gelben Punkt.

Durchstechen Sie zwei der Blüten an den markierten Punkten mit einer Nadel. Die drei anderen Blüten werden nur an einer Stelle mit der Nadel durchstochen, da sie unter den Schmetterlingen hängen. Über oder unter jedem Schmetterling wird je eine Blume mit Hilfe eines Aufhängers befestigt.

Insgesamt werden acht Aufhänger aus schwarzem Tonkarton benötigt, fünf für die Schmetterlinge und drei für die Blüten.

Zum Schluß müssen nur noch die Schmetterlinge mit den Blüten an die Löcher im Kreuz gehängt werden – und los geht das bunte Frühlingsflattern!

Froschkönige

Die Abbildung des Mobiles finden Sie auf Seite 1.

Material:

- *4 Styropor-Kugeln, Ø 0,5 cm*
- *Styropor-Kugel, Ø 7 cm*
- *Tonkarton in Grün*
- *Alu-Bastelkarton in Gold*
- *Bastel-Lack in Grün*
- *12 Augen mit beweglicher Pupille, Ø 12 mm*
- *Schwarzer wasserfester Filzstift*

In die beiden Holzstäbe werden Löcher in der Mitte und je 1 cm von beiden Enden entfernt gebohrt. Bemalen Sie dann die Stäbe mit grünem Bastel-Lack, und schrauben Sie sie mit der Ringschraube zusammen.
Die sechs Styropor-Kugeln werden grün angemalt. Schneiden Sie nun aus grünem Tonkarton folgende Teile aus: einmal die großen, viermal die kleinen Froschfüße, zweimal das große und achtmal das kleine Froschauge.
Die Krone wird aus goldenem Alu-Bastelkarton ausgeschnitten. Durchbohren Sie mit einer Nadel die gekennzeichneten Löcher, und kleben Sie die Krone an der Klebelasche zusammen. Schlitzen Sie nun mit dem Messer je zwei Ritzen in die Kugeln, und befestigen Sie die Augen.
Die Froschfüße werden mit etwas Klebstoff an der Körperunterseite fixiert. Kleben Sie nun die beweglichen Augen auf die Augen aus Tonkarton, und malen Sie den Fröschen mit dem Stift die Nasenlöcher und den Mund auf.

Schneiden Sie aus grünem Tonkarton fünf Aufhänger aus, und stecken Sie sie in die Froschkörper.
Der große Frosch wird in die Mitte, die Krone über den großen Frosch gehängt, die vier kleinen Frösche werden an die seitlichen Löcher im Kreuz geknüpft. Wer findet die goldene Kugel?